2023 LUNE

En route vers le 33

Marcos Cervantes Janssen

2023 LUNAR

En route vers le 33

Par : Marcos Cervantes Janssen

Première édition : 3 novembre 2022
Copyright © 2022 Marcos Cervantès Janssen
Edité par Editorial letr@roja

https://www.facebook.com/LETRA3ROJA
https://www.newtek.janssen@gmail.com
https://payhip.com/letra33roja
https://newtekjanssen.es.tl/
letra3roja@gmail.com

INDEX :

- **PROLOGUE :**   **5**
- **ORBITE :**   **7**
- **GRAVITÉ :**   **9**
- **LUNE :**   **11**
- **EXPANSION GALACTIQUE**   **13**
- **2023 :**   **15**
- **2033 :**   **16**
- **COURSES :**   **18**
- **TECHNOLOGIE QUANTIQUE ;**   **20**
- **ÉPILOGUE ;**   **22**

PROLOGUE:

Vivre sur notre lune est l'entraînement parfait pour commencer l'expérience d'étendre nos vies en dehors de la planète, car cela, en créant les conditions nécessaires à notre vie, déjà établies en dehors de la terre, nous prépare non seulement Physiquement, notre connaissance scientifique de comment vivre dans ces circonstances biologiques est un changement radical, mais plus encore, notre psychisme doit avoir encore plus d'adaptabilité avec toutes les exigences nécessaires.

En tant que race humaine, nous nous éveillons à la conscience cosmique, et nous avons réalisé la réalité animale, qui n'est certainement pas la nôtre en tant qu'humains, nous nous sommes adaptés à cette planète mais nous sommes en train de comprendre qu'en raison des exigences naturelles de notre étant, nous allons toujours au-delà de l'instinct. Nous sommes la troisième planète et notre seule lune dans toute la galaxie.

Comme nous le savons déjà, la Lune est le prélude à Mars, le voyage conçu par l'Allemagne vers Mars, a été calculé avec l'inclusion de l'arrivée lunaire, dans ces 50 ans, la lune est notre base pour les lancements intergalactiques, c'est donc la frontière de Notre premier ciel, je le décris comme le dernier continent terrestre pour le transfert intergalactique, aujourd'hui la lune ne sera plus un mystère, mais plutôt le contraire, sa face sombre étant notre observatoire par excellence.

Nous ne vivons pas l'effondrement de l'humanité, mais le début de notre vraie nature de race que nous avons toujours été, visiteurs de cette belle planète que nous devons soigner, car nos vraies capacités le permettent, nous avons suffisamment de preuves à ce moment précis dans capacité technologique qui a été développée pour apporter une vraie solution à ces problèmes que nous avons nous-mêmes permis. Rappelez-vous que la lune est notre signature galactique en tant que race.

ORBITE :

Mettre une idée en orbite, c'est l'avoir proche de notre pensée immédiate afin de la développer, avec des actions concrètes, immédiates et objectives. La course à l'espace n'est pas seulement un événement historique, en orbite autour d'idées et d'objectifs pendant des décennies, a apporté avec elle une confiance croissante en nous-mêmes en tant qu'humaniste et donc la proposition d'orbiter autour de la lune, était un projet qui, grâce aux premiers lancements en Allemagne et en Russie, a rendu possible quitter la planète pour trouver l'orbite à conquérir par les premières fusées humaines.

L'orbite est cette distance précise d'équilibre entre les gravités et les forces d'attraction entre la terre et le soleil. Un équilibre équidistant et stable pour maintenir un parcours circulaire autour de la planète, sans avoir besoin d'aucune force, en plein repos et équilibre. L'orbite appliquée au comportement humain consiste à avoir stabilité et constance dans nos activités cycliques de la vie.

Il est très important pour nous en tant qu'êtres humains de comprendre que chaque avancée dans la course à l'espace consiste à redécouvrir les chemins de nos origines, l'orbite définit le temps, les cycles constants qui régissent l'histoire planétaire depuis des siècles. L'orbite en général est circulaire ou elliptique, les corps célestes orbitent après le début de chaque univers par une naissance circulaire, c'est ainsi que l'orbite décrit le chemin constant lorsqu'il n'y a pas d'interférence dans son chemin. Dans les étoiles, les orbites tracent toujours une figure en spirale, voyageant ainsi des systèmes à travers l'espace, ayant des orbites pour les galaxies et les nébuleuses qui voyagent toutes à l'infini.

Dans le domaine de la psychologie humaine, notre vie trace une orbite qui si nous la connaissons, même dans la monotonie cyclique des événements, c'est ainsi que nous avançons dans la vie, voyager dans l'espace nous apprend aussi à évoluer, et nous savons que notre esprit était de l'atmosphère, a des différences substantielles à découvrir et à utiliser.

GRAVITÉ :

La gravité est une force constante, d'ordre universel ; La gravité est une force magnétique qui forme un réseau dynamique dans tout l'univers.

Si nous sommes capables de calculer les forces entre tous les corps célestes, nous comprendrons le destin et l'origine de chaque corps dans l'espace vaste et infini.

La gravité est une forme structurelle dans tout l'univers, qui change avec le temps, l'énergie existentielle qui compose la masse, en est affectée en permanence, donnant naissance à des orbites et des constellations que nous observons et étudions depuis des siècles.

Le poids est un phénomène dérivé de la gravité, la conformation des planètes et leurs mouvements vont de pair avec cette force impressionnante, qui est pourvue de causalités infinies et définit éternellement le destin galactique.

Dans l'aspect social, nous trouvons une force gravitationnelle dans notre comportement ; l'attrait des philosophies ou des doctrines a gouverné le destin de l'histoire pendant des siècles ; la rotation des événements que nous répétons siècle après siècle, mais à des moments toujours différents.

La gravité de l'affaire est une expression pour signaler et mettre en évidence un événement particulier, pour un résultat particulier, la gravité est une force transformatrice dans le domaine de la solution, par exemple, la naissance d'une plante, ou le vol d'un drone Lors de la fertilisation la reine des abeilles, la gravité demande un effort de la part de celui qui passe par cette force, c'est ainsi que l'on comprend que le problème porte aussi en lui une solution.

La gravité en tant que partie de l'équation existentielle révèle l'origine et le destin du mouvement et de la dynamique perpétuelle de l'univers, cette transformation sans aucune perte, appelée destin perpétuel.

LUNE :

La lune est notre satellite compagnon, sa gravité est d'une importance vitale pour notre planète, son effet sur les eaux, et la veilleuse qu'elle procure donne équilibre et stabilité aux différents écosystèmes végétaux et minéraux de notre planète, d'autre part dans la psychologie des habitants de la planète, la lune exerce un visage dans leur philosophie, leurs croyances et leur monde humain spirituel, basé sur l'histoire affectée par la présence de cette belle étoile, notre lune.

Quelle que soit la constitution matérielle de la lune, elle est impressionnante, aussi sa forme sphérique, elle est parfaite et sa rotation unique dans la galaxie.

Sa croûte solide révèle une anatomie résistante, son mouvement parfait révèle une civilisation avancée, transformant notre planète en la seule habitable de notre galaxie.

Sea cual sea el origen, propósito y misión de la luna, por el hecho de existir, se dice que existimos como raza humana protegida y proveída de grandes ventajas por este satélite, en perfecto movimiento orbital, tamaño y distancia exactas para eclipses únicos en todo l'univers.

Chaque mesure de diamètre, ou de distance, ainsi que la vitesse et le temps, portent une harmonie constructive, et propice à l'expansion de la vie dans l'univers, la lune est donc un objet d'étude, et un astre merveilleux qui nous permet de connaître la personne et moteurs de notre système, nous devons comprendre que le simple fait d'admettre la possibilité d'un coucher de lune implique pour nous la responsabilité d'avancer, au point de pouvoir mettre des lunes en orbite sur les planètes à terraformer, créant ainsi les forces géomagnétiques qui offrent des propriétés optimales à l'eau pour les cultures.

EXPANSION GALACTIQUE :

Ainsi, le but de la lune est d'être l'objet de révélation à notre race afin de faire avancer l'expansion intergalactique de notre espèce. Nous savons que notre vie humaine ne nous permet pas de contempler la véritable évolution sous toutes ses formes, mais grâce aux archives historiques, nous avons la possibilité de comprendre à quel point notre habitat et notre vie sont formidables dans cette galaxie. Nous sommes une race en croissance par nature reproductive, et il est naturel que si l'espace s'agrandit pour toujours, nous avons aussi l'instruction génétique de nous reproduire et plus encore de garder nos vies en permanence, ainsi nous formerons en tant qu'individus une communauté sans limite de croissance.

Nous n'avons pas confirmé que nous sommes une race en voie de disparition, mais chaque jour nous connaissons une expérience unique de temporalité et d'efforts pour accroître notre présence, de la meilleure façon possible. Plusieurs satellites voyagent à travers l'espace, remplissant leurs différentes missions, il a ainsi mentionné la lune comme le satellite de la planète en transformation, chaque être humain désire la liberté à l'intérieur et une opportunité de manifester tout ce qui est possible. Il est important de comprendre que l'expansion nécessite toujours la communion entre les êtres humains, cette commission promeut les accords et la coopération entre différents mouvements de toutes sortes, étant inclusive avec intégrité, l'union favorise toujours la multiplication et le potentiel d'expansion à travers des lignes directrices naturelles. , l'expansion sans fin est déjà dans nos gènes.

2023 :

Cette Année est le début officiel de la connaissance lunaire exposée à l'humanité, sa véritable constitution, qui l'a véritablement étudiée et ce qui a été réalisé au cours de ce dernier demi-siècle à sa surface, en véritable début officiel de 2033 Martien, ici au orbite lunaire où nous avons tout le potentiel et la formation pour nous forger en tant que race qui s'intègre dans la société intergalactique, cela implique un changement de conscience et une ouverture dévastatrice du conditionnement par les conservateurs radicaux. C'est en cette année que nous naissons en tant que race humaine dans un véritable éveil intégral. Aucun film et aucune histoire ne peuvent révéler à quel point la transformation de la planète entière serait difficile mais merveilleuse en s'étendant de toutes les manières possibles grâce à cette nouvelle réalité.

2033 :

Mars était en fait la planète habitée avant la Terre, et Vénus la possible future planète habitée. La galaxie s'agrandit, de telle sorte que la troisième place qu'occupe la terre avec sa lune, est l'endroit optimal pour la vie. La distance entre le soleil et la planète, ainsi que toutes les spécificités de la terre, en font le seul endroit habitable pour le moment dans notre galaxie connue. Vénus aurait besoin d'avoir une lune, ce qu'elle n'a pas, il faudrait en mettre une pour générer les forces nécessaires sur la planète pour sa terraformation correcte. Mettre un satellite en orbite demande beaucoup d'énergie et d'ingénierie d'architecture cosmique, c'est ainsi qu'à travers l'étude de notre passé ancestral, nous pouvons découvrir nos origines, et apprendre à ne pas répéter les erreurs.

Nous sommes en route vers 2033, ce sera l'année martienne où nous pourrons en savoir plus sur notre passé ancestral. Mars a une archéologie à découvrir, et ce que nous avons réussi à positionner à sa surface, il est très important qu'elle continue à s'améliorer, grâce à la lune et aux connaissances que nous avons dues à sa proximité, les moyens et les connaissances ont été développés pour vivre en dehors de la planète avec ce qui est à l'étranger, nous devons reconnaître et accepter que nos connaissances ne peuvent être établies que de la bonne manière, plus nous sommes à l'étranger, pour cela il faut de toutes les passes et de toutes les expériences déjà vécues la part de Pour ceux qui connaissent le sujet, Mars est très utile pour valoriser et préserver notre maison actuelle, la terre, qui, avec la lune, forme le système gravitationnel exemplaire à suivre, pour la formation et la restauration de tout autre extérieur.

RACES:

ROUGE, NOIR, JAUNE ET BLANC, sont les 4 races dont on parle sur terre, chacune d'elles avec des caractéristiques très particulières ainsi que différentes les unes des autres, la race humaine est une, et au sein de cet ensemble les sous Divisions sont marqué par des attributs physiques et mentaux qui identifient généralement chacun. Chaque région avec sa variété de climats influence grandement la formation de leur personnalité, au sein de la race spatiale toutes les races travaillent dans une communion fluide et respectueuse. L'expérience de quitter la planète a appris à chaque pays à se respecter pour son appartenance à l'humanité comme symbole d'union planétaire. Se préparer avec cela à une coexistence ouverte et publique avec plus de races de notre galaxie ou de celles voisines, ce sera la différence planétaire absolue.

Nous sommes à la veille d'un changement complet de réalité dans notre histoire planétaire. Notre conscience s'est éveillée à de nouvelles possibilités, cependant, nous ne devons jamais nous laisser guider par des fables ou des mythes, nous marcherons de 2023 à 33 dans une réalité déjà attendue mais vécue jusqu'à présent, la science actuelle a atteint un point d'expérience quantique, c'est pourquoi la magie et la superstition, seront niées en apprenant la réalité de toute notre galaxie et pas seulement les événements de notre petite planète. Vivre avec toutes les races de la planète nous entraînera à être inclusifs, patients et coopératifs. c'est donc pour le bien commun, cela nécessite de prendre soin et de valoriser notre planète, et toute vie qui y existe, de la même manière dans notre univers, ils ne traitent qu'avec des espèces appropriées pour la compréhension de la coopération et de l'apprentissage mutuel ; C'est ainsi qu'accepter chaque race, c'est évoluer.

TECHNOLOGIE QUANTIQUE:

Dans cette dernière décennie, la théorie des boucles, nous amène à une nouvelle ère des technologies quantiques, rappelons-nous la question des fractales, et des nombres fractionnaires, tout cela révèle le vaste champ de développement dans les questions spatiales et énergétiques, impliquant directement le temps, non plus comme une constante, mais comme une variable de plus pour étendre les résultats à un niveau quantique, c'est en fait la manière mathématique de décrire différentes dimensions qui coexistent et partagent des caractéristiques et des fonctions communes. Ce thème prend la possibilité réelle de plier l'espace à travers le temps, afin que nous puissions travailler avec l'énergie-masse à volonté de chaque expérience galactique, la physique quantique a ouvert les portes des solutions perdues et aujourd'hui nous allons lancer une génération qui s'éveille.

La possibilité de voyager à travers des doubles temporaires dans l'espace, qu'offre cette nouvelle zone, ne fait que découvrir d'anciennes façons d'interagir avec le reste de l'univers, notre planète trouvera beauté et valeur, lorsque nous serons dans un autre endroit en nous souvenant d'abord de notre maison, le planète et sa grande diversité. En tant qu'êtres mortels et temporels, nous apprécierons volontiers et reprendrons ce que nous avons déjà. Au niveau quantique, être à plusieurs endroits en même temps a été réalisé par la fragmentation du temps, c'est pourquoi la seule façon de connaître et de comprendre les trous noirs et blancs nous conduira à la technologie qui déplacera la planète vers un avenir prometteur .et sans besoin de violence car c'est une véritable libération, la physique quantique est l'interaction mentale sur la matière déjà existante, avec elle nous comprendrons qui nous sommes et ce que nous devons faire pour évoluer.

ÉPILOGUE :

Je conclus cet essai, réaffirmant l'existence présente d'une réalité à révéler à toute la société, aujourd'hui toutes les races terrestres et les visiteurs, comprendront l'union de notre origine, si différente dans les détails, plus intimement semblable dans notre intérieur. La lune et mars sont le premier projet humain de citoyenneté intergalactique, vénus un futur, et le quantique l'instrument révélé à l'humanité par l'univers infini et éternel dans lequel nous habitons, vivons et évoluons. Chaque jour qui passe est un pas de plus pour la grande réconciliation universelle en faveur de l'ordre, de la beauté et de la discipline totale, seulement ensemble et vraiment libres, nos esprits pourront être dans la même fréquence créative sur toute notre planète, matériellement nous sommes égaux et frères .

NOUS SOMMES NÉS VRAIMENT QUI NOUS SOMMES, N'OUBLIONS PAS ET AGISSONS MAINTENANT.

Tous droits réservés. Sous les sanctions prévues par le système légal,
sans l'autorisation écrite des titulaires du *Copyright* ©
la reproduction totale ou partielle de cette œuvre par quelque moyen ou procédé que ce soit
, la reprographie et le traitement informatique

.

 Bonjour, je suis chercheur, écrivain et ingénieur en communication, tout au long de ma vie, j'ai vécu des situations fortes dans tous les sens, je souhaite que votre vie se passe de mieux en mieux, et que vous évoluez le plus possible en élargissant vos connaissances, votre esprit et votre volonté, je suis sûr que nous pouvons trouver un moyen d'étendre notre existence, je souhaite toujours vous accompagner, et je vous remercie d'avance VOUS ÊTES

Vivre sur notre lune est l'entraînement parfait pour commencer l'expérience d'étendre nos vies en dehors de la planète, car cela, en créant les conditions nécessaires à notre vie, déjà établies en dehors de la terre, nous prépare non seulement Physiquement, notre connaissance scientifique de comment vivre dans ces circonstances biologiques est un changement radical, mais plus encore, notre psychisme doit avoir encore plus d'adaptabilité avec toutes les exigences nécessaires. En tant que race humaine, nous nous éveillons à la conscience cosmique, et nous avons réalisé la réalité animale, qui n'est certainement pas la nôtre en tant qu'humains, nous nous sommes adaptés à cette planète mais nous sommes en train de comprendre qu'en raison des exigences naturelles de notre étant, nous allons toujours au-delà de l'instinct. Nous sommes la troisième planète et notre seule lune dans toute la galaxie.

www.ingramcontent.com/pod-product-compliance
Lightning Source LLC
Chambersburg PA
CBHW050328220526
45465CB00005B/2189